RÉPONSE

A

UNE LETTRE

INTITULÉE :

Louis-Jacques Bégin à François-Joseph-Victor Broussais.

Par P. M. GAUBERT,

DOCTEUR EN MÉDECINE, MEMBRE DE L'UNIVERSITÉ DE FRANCE.

À Paris,

CHEZ Mlle. DELAUNAY, LIBRAIRE,

RUE SAINT-JACQUES, N°. 71.

1825.

RÉPONSE

A

UNE LETTRE

DE LOUIS-JACQUES BÉGIN.

DE L'IMPRIMERIE DE RICHOMME,

RUE SAINT-JACQUES, N°. 67.

RÉPONSE

A

UNE LETTRE

INTITULÉE :

Louis-Jacques Bégin à François-Joseph-Victor Broussais ;

PAR P. M. GAUBERT,

DOCTEUR EN MÉDECINE, MEMBRE DE L'UNIVERSITÉ
DE FRANCE.

A PARIS,

CHEZ Mlle. DELAUNAY, LIBRAIRE
RUE SAINT-JACQUES, N°. 71.

1825.

RÉPONSE

A

UNE LETTRE

INTITULÉE:

LOUIS-JACQUES BÉGIN A FRANÇOIS-JOSEPH-VICTOR BROUSSAIS.

MONSIEUR,

Vous vous êtes proposé, dites-vous, un but d'utilité en écrivant la lettre que vous avez adressée à un homme qui a été votre maître et le mien. *C'est un fragment de l'histoire de la médecine, à l'époque actuelle, que vous avez prétendu tracer. Vous voulez essayer de faire connaître, dans toute leur exactitude, les titres personnels de notre maître à l'admiration publique et à la reconnaissance du monde médical* (1). Votre entreprise, Mon-

---

(1) Lettre de Louis-Jacques Bégin, p. 6.

sieur, me paraît louable et bonne, et je désire de tout mon cœur de vous la voir accomplir dignement.

C'est une belle tâche à remplir, en effet, que celle d'apprendre à la postérité les noms des hommes de génie qui se sont rendus recommandables par de grands et utiles travaux, et qui, par là, se sont acquis des droits à la reconnaissance de la génération présente et de celles qui doivent lui succéder. Tant d'autres ont chanté les actions des héros, redit leurs hauts faits d'armes, vanté leurs vains exploits, qu'il est bien temps enfin que les véritables bienfaiteurs des hommes aient aussi leurs historiens.

Mais, entreprendre une semblable tâche du vivant de l'homme dont on veut célébrer les bienfaits, c'est, il me semble, en augmenter beaucoup les difficultés. Car, dans une telle circonstance, il est bien difficile de ne pas manquer à la véracité de l'histoire, surtout quand on n'a que du bien à dire de celui dont on veut parler. Sans doute que vous aurez eu besoin de recourir à de grandes précautions pour faire passer des louanges que la modestie ne lui permet pas d'entendre ; sans doute aussi que vous aurez bien réfléchi sur tous les points de sa savante doctrine, pour en faire apprécier les avantages comme ils le méritent, et ne pas rester au-dessous du sujet que vous avez entrepris de traiter. Votre tâche, je le répète, me paraît bien difficile à remplir ; mais, n'importe : peut-être que des sentimens généreux vous auront élevé l'âme à de hautes pensées, et que vous aurez su trouver un ton digne de votre sujet.

J'ai ouvert votre lettre, et je suis tombé par hasard

sur le passage que je viens de rapporter plus haut. Engagé par la promesse que vous faites, je me décide à
lire en entier votre écrit, et je vais rendre compte des
choses instructives que j'y rencontrerai, à mesure
qu'elles se présenteront. Quand j'aurai terminé ma lecture, je vous ferai, selon ma conscience, les remerci-
mens que je vous croirai dus.

Mais, je suis surpris, Monsieur, de vous voir com-
mencer votre lettre par un reproche grave adressé à
celui pour lequel vous voulez inspirer de la reconnaissance. Il poursuit, dites-vous, par des *outrages mensuels*,
ceux qui ont adopté le plus franchement ses principes.
Voilà de sa part une première action qui dispose
mal au sentiment de la reconnaissance, et ce ne sont
sûrement pas les personnes envers lesquelles il agit de
la sorte qui devront lui en témoigner. Il me semble que
vous avez eu tort de débuter par une semblable asser-
tion; car, si elle est fondée, il faut, pour effacer la fâ-
cheuse impression qu'elle fera sur l'esprit de vos lecteurs, qu'il vous reste beaucoup de bien à dire de
l'homme que vous avez dessein de leur faire connaître;
et encore, à cette condition, je doute que vous y puissiez jamais réussir complètement. Cependant, l'importance des services qu'il peut avoir rendus, et l'éloquence
de celui qui en fait l'exposition, racheteront peut-être
cette faute. C'est dans l'espérance de vous la voir réparer
que je vais continuer ma lecture.

Mais de quelle nouvelle surprise je suis encore frappé
quand je vois que vous cherchez à prouver que l'homme
en faveur duquel vous voulez réclamer de la reconnaissance, en a manqué lui-même envers son maître.

Selon ce que vous dites, il a été ingrat, et vous demandez qu'on soit reconnaissant envers lui ! Vous prenez là, Monsieur, une plaisante manière de raisonner pour amener vos lecteurs à partager votre sentiment : tout en leur disant que vous allez faire connaître les *titres personnels de votre maître à l'admiration publique et à la reconnaissance du monde médical*, vous agissez précisément comme si vous vouliez attirer sur lui la malédiction publique. Car, sans doute vous ne voulez pas conclure, de ce que M. Broussais a été ingrat envers M. Pinel, que M. Broussais a droit aux sentimens que vous réclamez pour lui. Oh ! non sûrement, direz-vous, ce n'est pas ainsi que j'ai voulu raisonner ; ma conclusion serait trop absurde et trop révoltante. La reconnaissance que je réclame pour mon maître, c'est celle que lui ont méritée ses travaux. — Alors, Monsieur, à quoi bon parler de sa conduite ? A quoi bon décrier sa personne ? Quel besoin le public a-t-il de tout cela ? Vous vous êtes proposé de tracer *un fragment de l'histoire de la médecine à l'époque actuelle* ; vous deviez vous borner à parler de cette science. Cependant, ce que vous avez fait jusqu'à présent ne ressemble guère à l'histoire d'une science. Si vous continuez long-temps sur le même ton, je doute que jamais vous puissiez parvenir à vous faire la réputation d'historien ; car ce n'est pas ainsi que l'on écrit l'histoire. Cet art a ses règles comme les autres, et vous auriez bien dû vous donner la peine de les étudier avant de prendre la plume.

Mais, laissons de côté les règles sur l'art d'écrire l'histoire, qui, à ce que je vois, ne vous sont pas trèsfamilières, et revenons à votre seconde proposition. Jusqu'à ce moment j'ai en vain cherché les preuves de cette proposition dans votre lettre, et, malgré l'extrême complaisance que je mets à me laisser convaincre, je n'y ai encore rien vu qui puisse m'engager à céder à vos prétentions.

S'il faut vous dire sincèrement ma pensée, je commence à craindre, Monsieur, de vous voir manquer de parole à vos lecteurs, et je soupçonne même que vous avez l'intention de les induire en erreur. Cependant, il est si doux d'éprouver dans son cœur le sentiment de la reconnaissance, que je vais encore poursuivre la lecture de votre ouvrage, pour voir si l'on y peut trouver le récit de quelque bonne action, ou les preuves de quelque grande découverte, de quelque vérité utile à tous les hommes, dont on puisse faire honneur à celui dont vous nous parlez.

Mais ce sont toujours des reproches et des inculpations que je trouve. Plus j'avance, et moins je me sens disposé à éprouver, sur ce que vous me dites, de la reconnaissance pour l'homme que vous nous dépeignez. Je sens, au contraire, que toutes vos paroles ne sont propres qu'à détruire l'estime et le respect qu'il pourrait s'être acquis, et je ne comprends pas comment, avec de telles dispositions d'esprit sur son compte, vous avez pu concevoir l'idée de prouver qu'il a droit à l'admiration publique et à la reconnaissance du monde médical. Je cesse de croire, Monsieur, que ce soit là votre intention, et, pour m'expliquer la contradiction manifeste que je vois entre votre promesse et votre façon d'agir, pour savoir enfin quel a été votre but, en employant la singulière méthode que vous suivez, je me hâte d'arriver à votre conclusion.

La voici, mot pour mot, telle qu'elle se trouve écrite dans votre lettre: *J'en ai dit assez, si je ne m'abuse, pour démontrer que vos procédés* (les procédés de M. Broussais) *envers votre maître et envers vos confrères, n'ont jamais été de nature à autoriser les réclamations de respect et de reconnaissance que vous élevez incessamment* (1). Voilà une conclusion à laquelle je ne me serais assurément pas attendu, Monsieur, ni les lecteurs non plus, je gage, en lisant l'exposition de votre lettre.

Je veux admettre, pour un moment, que tous les faits qui vous ont amené à cette conclusion sont exacts, et que vous avez parfaitement raisonné; mais ce n'est pas là ce que vous aviez promis à vos lecteurs: ils n'auront sans doute pas oublié l'engagement que vous avez pris envers eux, et il est bien certain que vous avez trompé leur attente.

Voilà un premier grief dont je ne voudrais pas me charger de vous justifier à leurs yeux, et qui devra les indisposer contre vous quand ils auront reconnu votre supercherie.

Mais en voici un autre encore moins excusable, et qui devra les surprendre étrangement, surtout s'ils ont eu, comme moi, la bonté de s'imaginer que vous aviez de la sincérité : après avoir substitué une autre proposition à celle que vous deviez

---

(1) Lettre, p. 16.

démontrer ; après avoir ainsi fait à vos lecteurs une véritable escobarderie, vous entreprenez de prouver tout le contraire de ce que vous aviez avancé d'abord. En effet, après avoir établi votre proposition que j'ai rapportée en dernier lieu, vous vous écriez: *Mais que sera-ce si je démontre que ces réclamations* (les réclamations de respect et de reconnaissance qu'élève M. Broussais) *sont sans fondement* (1). Que voulez-vous donc faire, Monsieur? Comment allez-vous accorder cette nouvelle entreprise avec celle du commencement de votre lettre? C'est pour faire connaître les titres de M. Broussais à l'admiration publique et à la reconnaissance du monde médical, que vous dites avoir pris la plume, et voilà maintenant que vous voulez nous prouver l'injustice des réclamations de respect et de reconnaissance qu'élève ce professeur.

En vérité, vous ne pensez pas à ce que vous faites : vous promettez de faire une chose, et puis vous en faites une différente et même tout opposée. Il n'y a dans une telle conduite ni sincérité ni bonne foi; vous ne pouvez pas espérer que vos lecteurs vous accordent plus long-temps leur confiance et leur attention; vous êtes déchu de leur estime. C'est pourquoi je ne puis continuer de m'entretenir avec vous, et je vais me borner à rendre compte au public des principaux faits contenus dans votre brochure.

La manière de procéder que nous avons employée jusqu'ici, nous a mis, sans nous en douter, sur la voie de découvrir dans quel esprit est écrite la lettre de Louis-

______

(1) Lettre, p. 17.

Jacques Bégin. D'abord nous savons très-certainement qu'elle n'est pas un fragment d'histoire; c'est encore moins une apologie de l'homme dont il a prétendu nous faire connaître les titres à la gloire; ce n'est pas même une critique de ses opinions médicales, si, par ce mot de critique, on doit entendre l'art de distinguer et de faire apprécier d'une manière impartiale ce qui, dans une production quelconque, est beau ou défectueux. Qu'est-ce donc que cette lettre? c'est un libelle, et je vais le prouver.

Un libelle est un écrit qui contient des injures. Mais, qu'est-ce qu'une injure? *C'est une action injuste considérée relativement au tort qu'un homme en reçoit ou dans sa personne, ou dans sa réputation.* Il va m'être facile de faire voir que la lettre de Louis-Jacques Bégin ne contient pas autre chose que cela.

Et d'abord, il nous paraît utile, pour le but que nous nous proposons, de rapprocher les unes des autres certaines propositions contenues dans la lettre en question, et dont quelques-unes sont déjà connues des lecteurs. Ces rapprochemens nous donneront lieu de remarquer que, si l'on opposait entre elles les injures et les louanges que renferme cette lettre, et si les unes et les autres étaient également bien prouvées, ce que nous regardons comme impossible, attendu qu'elles sont souvent tout-à-fait contradictoires, il en résulterait que les lecteurs ne sauraient que penser sur le compte de l'homme dont parle Louis-Jacques Bégin, et que la lecture de sa lettre ne laisserait aucune idée fixe dans leur esprit, l'effet d'une démonstration se trouvant détruit par l'effet d'une démonstration contraire. Mais ce n'est pas ainsi que s'y est pris Louis-Jacques Bégin. Louis-Jacques Bégin s'étant uniquement proposé de nuire à son maître, ce dont nous nous sommes convaincu par l'examen de sa lettre auquel nous a conduit la fausse promesse de son début, a été obligé de faire le calcul suivant pour arriver à ses fins :

« Si j'attaque dans ses bases la doctrine de mon maître,
» s'est-il dit en lui-même, moi qui l'ai exploitée et ven-
» due publiquement, on dira que je me contredis et
» que j'ai fait un commerce de fraude : d'ailleurs, on
» verra bien que toutes mes assertions sont inexactes ou
» fausses. Comment donc faire pour me tirer d'em-
» barras, pour empêcher qu'on ne rende à celui que je
» veux décrier toute la justice qui lui est due ? Je vais
» me délivrer du poids accablant des immenses services
» qu'il a rendus à l'humanité, en disant d'une manière
» vague : *qu'il a des titres à l'admiration publique et à la
» reconnaissance du monde médical ; qu'il a rendu d'im-
» portans services à la science* (1) ; *que nul ne saurait
» méconnaître ses titres à la gloire*, etc. (2). Mais je me
» garderai bien de présenter, dans toute leur exactitude,
» les nombreuses preuves de toutes ces assertions ; car,
» si je les donnais, on ne voudrait plus ensuite écouter
» mes injures, quelque grand plaisir qu'aient plusieurs
» personnes, ennemies de mon maître, à m'entendre par-
» ler mal de lui. Je n'aurai donc recours à ces assertions
» vagues que pour ma tranquillité personnelle : je m'en
» servirai comme d'une égide derrière laquelle je me

---

(1) *Lettre*, p. 6.
(2) *Ibid.*, p. 9.

» tiendrai à l'abri, et d'où je pourrai lui lancer avec
» sécurité mes traits empoisonnés. Alors, j'emploierai
» le plus de pages que je pourrai pour tâcher de faire
» croire qu'il *a banni de son cœur tout sentiment de re-*
» *connaissance ; qu'il n'y a ni justice, ni logique, ni*
» *raison, ni même du simple bon sens dans ce qu'il fait* (1).
» J'avancerai, de la même manière, que c'est un homme
» en qui le sentiment de l'indignation ne s'allume que
» par *le dépit et par l'intérêt personnel* (2). Je soutiendrai
» qu'il est *injuste, que ses réclamations de respect et de*
» *reconnaissance sont sans fondement* (3). J'entasserai, en
» un mot, toutes les accusations que je croirai le plus
» propres à ternir sa réputation, quand bien même je
» devrais me contredire à chaque page, et avancer en
» même temps *qu'il a des titres à la reconnaissance* (4),
» mais que *ses réclamations, à cet égard, sont sans fon-*
» *dement* (5); *que je n'ai pas pillé sa doctrine* (6), *mais que*
» *cependant tout ce que mes livres contiennent de bon, c'est*
» *à lui que je le dois* (7); *que les bases de la doctrine phy-*
» *siologique sont à peine posées* (8), *mais qu'elles n'ont*
» *jamais été méconnues ou contestées* (9). Je dirai, s'il le

---

(1) Lettre, p. 14.
(2) *Ibid.*, p. 13 et 14.
(3) *Ibid.*, p. 17.
(4) *Ibid.*, p. 6.
(5) *Ibid.*, p. 17.
(6) *Ibid.*, p. 31.
(7) *Ibid.*, p. 30.
(8) *Ibid.*, p. 20.
(9) *Ibid.*, p. 18.

» faut, les choses les plus opposées entre elles, parce
» que j'espère que je pourrai les présenter de manière
» à ce qu'il en restera toujours une impression défavo-
» rable sur son compte. »

Voilà le plan d'attaque qui a été dressé par Louis-Jacques Bégin, et auquel plusieurs des siens, dont j'aurai occasion de parler dans la suite, n'ont pas rougi de donner leur approbation.

Mais Louis-Jacques Bégin a-t-il donc compté que personne ne se leverait pour réclamer contre ses injustes attaques? A-t-il pensé que, pendant qu'il insulte un homme de bien qui ne veut pas lui répondre, parce qu'il pense que son temps est beaucoup mieux employé à poursuivre le cours de ses utiles travaux qu'à disputer avec un folliculaire, les nombreux disciples de cet homme de bien garderaient tous le silence?

Tous, sans doute, sont animés des mêmes sentimens que moi; car je les ai vus s'affliger de la conduite scandaleuse de Louis-Jacques Bégin, et témoigner pour lui du mépris et de l'indignation quand il a dit que l'école physiologique devait se séparer de son maître (1). Un semblable langage leur a paru ridicule, et l'on aura beau vouloir les corrompre par de mauvais exemples, la reconnaissance sera toujours pour eux le plus saint des devoirs.

J'espérais qu'une voix déjà connue se serait élevée pour protester contre la conduite de Louis-Jacques Bégin, et c'est pour cela que j'ai tant différé de faire entendre la mienne; mais, puisqu'enfin j'ai rompu le

---

(1) Lettre, p. 6.

silence, je vais, selon mes moyens, tâcher de dévoiler le mystère de son œuvre d'iniquité.

Après l'exposition que nous venons de faire du plan général de conduite adopté par Louis-Jacques Bégin, nous allons examiner séparément les diverses propositions contenues dans sa lettre. Il nous sera bien difficile d'introduire de l'ordre dans ce travail, parce qu'étant obligé de marcher sur ses traces et de le suivre pas à pas, nous ne pouvons avoir d'autre guide que lui-même. Mais sa marche est on ne peut plus vagabonde : il change à chaque instant de sujet ; le plus souvent les propositions qu'il avance à l'appui les unes des autres n'ont nul rapport entre elles, et ses idées se succèdent sans liaison, sans méthode, sans aucun ordre, même dans les questions les plus simples. C'est la marche que suit l'esprit d'un homme dont la tête est troublée par une passion haineuse, et qui ne cesse d'avoir l'injure et l'insulte à la bouche.

Cependant, son but étant toujours le même, celui de faire tort à son maître en le calomniant, il s'est proposé, pour y parvenir, deux objets : l'un, de décrier sa personne, l'autre, de déprécier sa doctrine. Nous allons nous servir de cette division pour procéder à l'examen de sa lettre, et nous croirons y avoir bien répondu, si nous faisons voir que, partout où il a attaqué son maître, il l'a calomnié, et que, partout où il a prétendu réfuter sa doctrine, il a mal raisonné.

Ce qui me frappe et me surprend d'abord, en commençant l'examen de son prétendu *fragment d'histoire*, c'est de voir Louis-Jacques Bégin se méconnaître et s'oublier au point de se constituer, relativement à son maître, dans

les mêmes rapports où celui-ci s'est trouvé relativement au sien. En effet, qu'y a-t-il donc de commun
entre Louis-Jacques Bégin et l'auteur de la *Doctrine
physiologique*, si l'on a égard à la capacité scientifique
de chacun et à l'importance des services rendus à l'humanité? Je croirais insulter celui-ci et faire injure aux
lecteurs qui connaissent aussi bien que moi ses titres à
la gloire, si je pensais qu'on pût me soupçonner un
instant de vouloir, sous ce rapport, placer son nom,
connu dans toutes les parties du monde civilisé, à côté
du nom de Louis-Jacques Begin ; ils trouveraient le parallèle trop choquant, et ce n'est pas de cela qu'il peut
s'agir ici. Je veux rechercher simplement qui de Louis-
Jacques Bégin, ou de l'auteur de la Doctrine physiologique, a reçu le plus de services de la part de son
maître.

La détermination de cette première question est in-
dispensable pour juger si le reproche d'ingratitude
adressé à Louis-Jacques Bégin est ou n'est pas mérité,
et si le même reproche renvoyé par celui-ci à l'auteur de
la Doctrine physiologique présente quelque fondement.
En effet, pour être à même de dire si deux débiteurs
ont payé fidèlement leur dette, la première chose à faire
est de s'informer au juste de la somme de leurs obligations. Or, voyons quelle est cette somme.

Le fondateur de la médecine physiologique n'a appris
de son maître qu'une *doctrine erronée dans le plus grand
nombre de ses principes et de ses applications*, de l'aveu
même de Louis-Jacques Bégin qui l'a qualifiée de la
sorte.

Au contraire, Louis-Jacques Bégin a appris de son

maître une doctrine de vérité ; il en convient lui-même dans plusieurs endroits de sa lettre.

Je m'arrêterai un instant sur ces deux propositions, et je demanderai à Louis-Jacques Bégin s'il se croit moins obligé envers son maître que son maître ne l'est envers le sien. Dites, Louis-Jacques Bégin, la vérité vaut-elle mieux que l'erreur? Avez-vous reçu de votre maître un meilleur présent que celui qu'il a reçu du sien? Oui sans doute, allez-vous me répondre forcément. Eh bien donc! vous lui êtes plus obligé qu'il ne l'est à son maître. Cela posé, je passe outre.

Le fondateur de la Médecine physiologique a composé des ouvrages remplis d'idées nouvelles et de grandes découvertes, dont il n'est pas redevable à son maître. Louis-Jacques Bégin s'est acquis dans sa petite sphère une sorte de réputation parasite, en écrivant plusieurs volumes où ce qu'il y a de bon appartient à son maître, ainsi qu'il l'a dit lui-même dans un temps où il avait assurément plus de sincérité qu'aujourd'hui.

En voilà bien assez, je pense, de ces deux propositions réunies aux deux précédentes, pour établir avec exactitude en quoi consistent les obligations contractées envers leurs maîtres par les deux hommes dont nous examinons la conduite, et pour savoir lequel des deux est le plus tenu à la reconnaissance. Certes elle est sans bornes celle que Louis-Jacques Bégin doit avoir pour son maître : car c'est à lui qu'il doit de connaître la vérité, de posséder ce bien précieux auquel nul autre n'est égal, puisque c'est à lui qu'appartient l'honneur de l'avoir découverte dans une science où depuis tant de siècles on la cherchait en vain. C'est

à lui qu'il doit l'espèce de réputation qu'il s'est faite
en exploitant cette science devenue si féconde par les
travaux de son véritable fondateur ; et, s'il est vrai que
Louis-Jacques Bégin ait rendu quelque service en faisant ce travail facile, c'est encore à son maître qu'il en
est redevable, puisqu'il n'a été que l'interprète ou le
copiste de ses idées. Mais comment pourra-t-il payer
tant de bienfaits à la fois? comment récompensera-t-il
celui auquel il en est redevable? Assurément ils ne
sauraient être jamais trop payés, ces bienfaits ; car ils
sont au-dessus de toute récompense, et il n'y a que les
sentimens les plus purs d'un cœur affectueux par lesquels on puisse espérer d'acquitter en partie une semblable dette.

Mais, ô lecteurs, quel cruel mécompte nous nous
trouvons avoir fait en raisonnant ainsi avec Louis-Jacques Bégin ! Il prétend n'être obligé à rien envers son
maître ; *il le défie de trouver dans sa vie médicale et litté-*
raire un seul acte qui l'autorise à réclamer des égards (1) ;
il prétend être obligé de se séparer de lui (2) ; *il prétend*
que son maître mérite que lui, Louis-Jacques Bégin, *lui*
parle avec indignation (3), *et qu'il a mérité d'être puni* (4);
il veut le faire passer pour un homme rempli de vices
et de défauts, et dépourvu de logique, de raison, de
simple bon sens, pour un petit pillard (5), pour un

---

(1) Lettre, p. 9.
(2) *Ibid.*, p. 6.
(3) *Ibid.*, p. 7.
(4) *Ibid.*, p. 6.
(5) Louis-Jacques Bégin accuse son maître, page 30 de son

homme dur, intolérant, grossier, ingrat, ambitieux, fanatique, inconséquent, injuste, vain, acharné sur ses ennemis, pour un homme qui dresse des *sortes de guet-à-pens*, etc., etc. ; je crois que, s'il osait, il dirait qu'il est un scélérat.

---

libelle, d'être *quatre fois* plus plagiaire que lui-même, et ensuite il lui dit, page 31 : « Votre honnête praticien ne sait donc pas » qu'un homme comme vous peut prendre une idée et même l'é— » tendre ou la féconder, mais qu'il ne copie pas ses phrases. » Il paraît bien, d'après cela, que Louis-Jacques Bégin ne sait pas ce que c'est qu'un plagiaire ; je vais le lui apprendre : Un plagiaire est un homme qui, voulant, à quelque prix que ce soit, s'ériger eu auteur, et n'ayant pour cela ni le génie, ni les talens nécessaires, copie non-seulement des phrases, mais encore des pages et des morceaux entiers d'autres auteurs, et a la mauvaise foi de ne les pas citer, ou qui, à *l'aide de quelques légers changemens dans l'expression ou de quelques additions, donne les productions des autres pour choses qu'il a imaginées ou inventées.* On peut voir d'après cela si un auteur qui *étend* et *féconde* les idées des autres est un plagiaire ; en outre, tout le monde sait si l'homme dont parle Louis-Jacques Bégin n'a fait qu'*étendre* ou *féconder* les idées des autres, et s'il n'a pas imaginé et inventé des choses entièrement neuves. Cependant Louis-Jacques Bégin veut ravaler cet auteur célèbre au rang des écrivains subalternes, en se comparant à lui et l'accusant de plagiat. Quel excès d'ignorance et d'impudence n'y a-t-il pas dans une semblable façon d'agir !

Je ferai ici une remarque. Il y a partout deux manières de réfuter Louis-Jacques Bégin : la première est de le prendre par ses propres paroles et de le convaincre d'ignorance sur la valeur des mots qu'il emploie ; la seconde est d'examiner avec bonne foi les questions

Après cette bordée d'injures, je reste stupéfait et je me demande comment il peut se faire que tous les sentimens qui les ont dictées à L. J. Bégin se soient substitués dans son cœur au sentiment de la reconnaissance. Quelle étrange dépravation peut donc l'avoir à ce point égaré ? Comment concevoir qu'un homme qui est censé avoir reçu de l'éducation et qui exerce une profession honorable, se laisse ainsi entraîner par ses passions ? Il serait peut-être utile d'en connaître et d'en dire la raison. Mais ne cherchons point à approfondir cette question ; tirons plutôt un voile sur ce qu'a fait L. J. Bégin dans cette circonstance, et contentons-nous de le réduire au silence et de le confondre par ses propres paroles. Rien ne nous sera plus facile.

De quoi s'agit-il en effet ? De prouver qu'il y a eu de sa part oubli, ou plutôt méconnaissance des bienfaits reçus, par conséquent ingratitude. Je puis en très-peu de mots porter cette proposition à son dernier degré d'évidence, en me servant des propres argumens de Louis-Jacques Bégin. En effet, il reconnaît (1) avoir dit justement dans l'un de ses ouvrages (*Principes généraux de Physiologie pathologique*), que tout ce que ses livres renferment de bon appartient à son maître ; et ensuite, on peut se rappeler qu'il a entrepris de prouver, malgré cet aveu (2), que les prétentions de son maître au res-

qu'il traite, et on arrive toujours, en se servant de ses principes, à des conséquences qui font horreur, et qu'on n'ose pousser jusqu'à leur dernier terme, par respect pour le corps auquel il appartient.

(1) Lettre, p. 36.
(2) *Ibid.*, p. 17.

pect et à la reconnaissance sont sans fondement; c'est-à-dire, en d'autres termes et sous une autre forme, qu'après avoir reçu d'un homme tout le bien qu'il possède, Louis-Jacques Bégin prouvera qu'il ne doit rien à cet homme. Est-ce là de la reconnaissance ?

Maintenant une nouvelle question se présente à examiner. Louis-Jacques Bégin, sentant bien qu'il lui est impossible de se laver du reproche d'ingratitude, n'essaie pas même de s'en justifier, et, au lieu de cela, entreprend de prouver que son maître a mérité d'être accusé du même vice. Mais d'abord, récriminer n'est pas se justifier, et ensuite nous déclarons formellement que c'est là la plus atroce de toutes les calomnies forgées par Louis-Jacques Bégin. C'est pourquoi nous allons nous hâter d'en démontrer la fausseté et l'injustice. Il va nous suffire pour cela d'exposer simplement les faits; car le plus sûr moyen de faire taire la calomnie, c'est de présenter aux yeux des personnes honnêtes la vérité toute nue.

Un premier fait que les lecteurs n'auront pas oublié, c'est que l'auteur de la Doctrine physiologique n'a appris de son maître qu'une doctrine erronée. Mais je ne vois pas que l'on doive être tenu à de si grandes obligations envers quelqu'un qui vous a enseigné l'erreur; car sûrement on ne prétend pas dire que l'erreur doit être considérée comme un bonne chose, et celui qui vous l'enseigne comme votre bienfaiteur. Mais, dira-t-on peut-être, l'erreur qu'il enseignait, il croyait que c'était la vérité, et son disciple le croyait aussi; celui-ci devait donc être reconnaissant. Cela est juste jusqu'à un certain point: aussi voyons-nous que le disciple s'est conduit selon cette croyance, et qu'il n'a pas manqué au devoir qu'elle lui prescrivait. Louis-Jacques Bégin le reconnaît lui-même, puisqu'il va jusqu'à l'accuser d'avoir été disciple trop fervent, jusqu'à prétendre que des liens *spéciaux l'unissaient à la personne de son maître* (1), ce qui est faux ; car on ne peut voir, dans l'hommage que M. Broussais fit à M. Pinel de sa dissertation, que le témoignage d'un bon cœur reconnaissant au-delà de ce qu'il avait reçu.

On est donc forcé de reconnaître que, jusqu'à présent, bien loin d'avoir été ingrat envers son maître, l'auteur de la Doctrine physiologique paraît avoir plutôt péché par excès de reconnaissance, au dire même de son plus acharné détracteur.

Comment s'est-il conduit ensuite ?

Nous allons examiner cette seconde question, posée par Louis-Jacques Bégin à la page 9 de son libelle. Mais nous avons affaire ici à plus d'un ennemi : on nous permettra, je l'espère, de recueillir nos forces.

Nous désirons que les lecteurs veuillent bien nous permettre de les engager à se rappeler un instant de quelle manière ont été accueillis, à différentes époques, les hommes de génie qui ont exercé sur les idées de leurs contemporains une grande influence, en leur annonçant des vérités inconnues. Nous les prions de se rappeler le sort de l'infortuné Galilée, les persécutions éprouvées par notre grand Descartes et prolongées pendant plus d'un siècle jusque sur ses ouvrages ;

---

(1) Lettre, p. 9.

la condition du malheureux Harvée donné pour fou par ses ennemis; les persécutions essuyées par le célèbre philosophe de Genève, et le sort de tant d'autres grands hommes dont les services ont été méconnus, les intentions calomniées, et auxquels on n'a rendu justice que long-temps après leur mort, à cause des criminels complots que des méchans avaient formés contre eux. De pareils complots ont encore lieu aujourd'hui parmi nous, et si, grâce à l'empire de la raison et de la vérité sur l'esprit public à l'époque actuelle, ils n'ont pas les mêmes résultats, les passions des méchans, leurs haines, leurs oppositions n'en sont que plus acharnées. Eh bien ! ces hommes *à passions, à haines, à oppositions acharnées*, car c'est ainsi que les qualifie le folliculaire auquel nous répondons, ils ont fait jusqu'à ce jour tous leurs efforts pour étouffer, dans notre belle science, la vérité naissante. Mais, grâce au courage et à la constance de celui qui l'a proclamée, nous avons la consolation de voir qu'enfin elle triomphe.

Cependant quelques-uns d'entre eux, qui n'ont avoué la vérité qu'à regret, ont, pour se venger de celui qui la leur a imposée, formé l'infame projet de noircir sa conduite au lieu de récompenser ses bienfaits, et à leur tête figure aujourd'hui, pour d'autres motifs, Louis-Jacques Bégin, son élève.

Nous voilà parvenus à l'origine de tous les reproches adressés à l'auteur de la Doctrine physiologique, relativement à sa façon d'agir envers son maître, et nous pouvons maintenant les apprécier à leur juste valeur.

Nous l'avons suivi jusqu'à l'époque où il a fait hommage de sa thèse à son maître. Voyons le maintenant pratiquant la doctrine de celui-ci : il l'a étudiée avec le plus grand soin ; on est bien sûr qu'il la connaît à fond. Il commence donc par en suivre fidèlement les principes ; il les exécute même avec tant d'exactitude, que Louis-Jacques Bégin, accoutumé à outrer jusqu'au bien lui-même pour y trouver du mal, l'accuse de les avoir exagérés (1). Mais les résultats qu'il obtient sont presque tous malheureux. Il voit en grand nombre succomber ses semblables ; il voit que l'art qu'on lui a enseigné est un art impuissant ; que dis-je ? il reconnaît, en ouvrant les corps des malheureux qui ont péri, que cet art est un art meurtrier. Il contemple les larges plaies produites par la médication de son maître. Ce spectacle déchirant le porte à la méditation : le doute et l'incertitude pénètrent dans son âme ; il hésite, il n'ose plus pratiquer la funeste méthode ; il dépose les cruels remèdes qu'on lui avait donnés pour des médicamens salutaires, et renonce pour toujours à leur usage.

Jusqu'ici il n'a fait que reconnaître et fuir le danger ; mais bientôt, après s'être assuré du siége et de la nature des maladies dont jusqu'alors on n'avait fait que hâter ou même causer la terminaison fatale, il découvre une méthode de traitement rationnelle. Aux nombreux remèdes dont il a reconnu les malheureux effets, il substitue des moyens sûrs de guérison ; à chaque pas qu'il fait, il reconnaît une erreur et découvre une vérité. Enfin, à force de travaux, de recherches et de pénibles veilles, il parvient à mettre une doctrine lumineuse et bienfai-

______

(1) Lettre, p. 8.

sante à la place d'une doctrine erronée et pernicieuse ;
il parvient à donner à la médecine des *bases solides, qui
ne peuvent être méconnues ni contestées par personne* (1) ;
*il s'acquiert des titres à la gloire, que nul ne saurait mé-
connaître sans être injuste envers lui* (2) ; *il se crée, en un
mot, des droits à l'admiration publique et à la reconnaissance du monde médical* (3). Oui, pour tant de bienfaits,
la postérité lui doit un monument. Osons le dire, en
dépit des clameurs de ses ennemis, en dépit des envieux, en dépit même de ceux qui, portant un cœur
insensible ou n'ayant dans l'esprit que d'étroites idées,
prétendraient que nous ne devons pas lui donner ces
éloges, et que nous voulons le flatter ; car on ne flatte
pas quand on dit la vérité, et le malheur de notre posi-
tion est d'avoir à parler d'un homme sur lequel nous
n'osons la dire tout entière, dans la crainte de passer
pour flatteur.

Tel est cependant l'homme sur lequel un folliculaire
voudrait attirer le mépris et la haine de ses contemporains. Il serait assez vengé, sans doute, par toutes ces
réflexions que les lecteurs n'auront pas manqué de
faire. Mais son agresseur a blessé les cœurs généreux ;
il faut qu'il soit puni, il faut qu'il soit livré à la vin-
dicte publique. Je vais donc poursuivre le cours de mon
travail.

Tout pénétré des grandes vérités qu'il vient de découvrir, l'auteur de la Doctrine physiologique se pré-

---

(1) Lettre, p. 18.
(2) *Ibid.*, p. 9.
(3) *Ibid.*, p. 6.

sente à son maître et lui dit : vous vous trompiez, mon
maître, ce que vous m'avez enseigné n'est pas la vérité.
J'ai le bonheur de l'avoir découverte, moi. La voici ;
j'en tiens les preuves dans ma main ; examinez-la, jugez-
la, et ensuite aidez-moi à la propager.

Le maître examine et ne reconnaît qu'une bien faible
partie des vérités découvertes par son ancien disciple.
Celui-ci se livre à de nouvelles méditations, et se con-
firme de plus en plus dans l'idée que ce qu'il a découvert est bien la vérité. Il veut en convaincre son maître ;
mais son maître résiste et prétend que ses idées soient
maintenues intactes. Ce délit peut sans doute n'être pas
volontaire : je ne veux pas lui chercher d'autre motif
que le défaut de conviction ; je veux bien ne pas examiner si, après les nombreuses preuves accumulées par
l'auteur de la Doctrine physiologique, un homme de
bonne foi, fut-il même d'une intelligence médiocre,
est excusable de ne pas se rendre à la force des démons-
trations que fournit cette doctrine ; je veux bien, quoique Louis-Jacques Bégin affirme positivement que des
passions blâmables, nées au sein de la faculté où domi-
nait jadis l'autorité de ce maître, ont empêché qu'une
révolution salutaire ne se soit introduite dans la théorie
et la pratique de l'art de guérir (1), je veux bien, dis-je,
ne pas examiner si quelque passion semblable n'aurait
pas fermé les yeux du maître à l'évidence des preuves
offertes par le disciple ; je ne veux, en un mot, chercher aucune explication qui pourrait attirer sans nécessité la défaveur sur qui que ce soit. Mon seul but est

---

(1) Lettre, p. 11.

de fournir aux lecteurs les données nécessaires pour les mettre à même de juger, d'une manière impartiale, l'homme que Louis-Jacques Bégin s'efforce de dénigrer.

Or donc, pour revenir au maître de l'auteur de la Doctrine physiologique, s'il est vrai que ce soit par défaut de conviction qu'il n'a pas abjuré ses erreurs, par quel sentiment dira-t-on qu'il fut mu, quand il effaça de sa *Nosographie* le modique éloge qu'il avait donné à l'*Histoire des phlegmasies chroniques* (1), le plus beau recueil d'observations que possède la science, suivant l'aveu unanime des plus furieux détracteurs de la nouvelle doctrine, et, selon moi, le livre le plus utile aux hommes qui jamais ait été fait dans aucune science. Mais encore une fois, il me répugne trop de rechercher des motifs qui seraient condamnables. D'autres que moi pourront approfondir, s'ils le veulent, cette question; je me contenterai de dire ce que, pour mon objet, il est nécessaire

---

(1) Louis-Jacques Bégin ne manquera pas de nous répondre que l'auteur de la *Nosographie philosophique* ne supprima l'éloge qu'il avait fait de l'*Histoire des Phlegmasies chroniques*, qu'après avoir vu sa doctrine attaquée et presque détruite par son ancien disciple, et il trouvera peut-être juste et naturel qu'après cela le maître se soit rétracté. C'est là un de ces sophismes du vice qui fomentent, parmi les hommes, des passions et des guerres continuelles; mais il est si grossier que nous croirions faire injure aux lecteurs, si nous cherchions à leur en démontrer la fausseté; il n'est personne qui ne puisse la découvrir soi-même. Je suppose que Louis-Jacques Bégin pourra chercher à s'étayer de ce sophisme, parce qu'il en a avancé beaucoup d'autres, encore plus grossiers, dans son libelle.

qu'on connaisse : savoir, que l'auteur de la *Nosographie philosophique*, après avoir commis une injustice en n'estimant pas d'abord l'ouvrage dont il parlait à sa juste valeur, en commit une seconde, en supprimant le peu de bien qu'il en avait dit. Cette conduite du maître n'était assurément pas digne de respect et de vénération, surtout pour le disciple. Mais je ne veux pas considérer la question qui nous occupe en ce moment, relativement aux deux hommes dont je parle ; je veux la considérer relativement à l'humanité, dont les intérêts se trouvent ici compromis. En effet, je vois, d'un côté, un homme qui s'opiniâtre, je ne sais par quel motif, à soutenir une doctrine *erronée* et pernicieuse ; de l'autre, un homme qui proclame et soutient avec juste raison une doctrine lumineuse et bienfaisante. Je demande si le second, par égard pour le premier et par l'unique raison que celui-ci a été son maître, doit trahir la cause de la vérité et abandonner les intérêts de l'humanité. Non, sans doute, me répondront les lecteurs, et Louis-Jacques Bégin lui-même ; il faut, au contraire, que le défenseur d'une semblable cause emploie toutes ses forces et toutes ses ressources à démontrer la fausseté des assertions de son antagoniste ; il faut qu'il attaque de front et sans aucun délai les idées de celui-ci ; il faut qu'il les détruise par la force du raisonnement : car, si, par quelque détour, par quelque ménagement malentendu, il permettait que l'erreur restât un seul instant debout, il serait comptable de cette négligence à l'humanité qu'il n'aurait pas servie aussi bien qu'il le pouvait. Mais, je suppose que, malgré ses efforts, il restât encore des partisans à l'erreur : alors, il devrait sans pitié l'attaquer par le ridicule; car *le but de tout honnête homme qui prend la plume est de rendre le ridicule saillant* (Diderot.) Il devrait même flétrir les ouvrages qui auraient servi de refuge à l'erreur.

Cette vaste tâche est précisément celle qu'a remplie l'auteur de la Doctrine physiologique. Il est sorti victorieux de la lutte, et la victoire qu'il a remportée est la plus complète qu'aucun homme ait jamais gagnée au profit de l'humanité. Assurément nous ne saurions proclamer son triomphe avec trop de pompe. Mais nous laisserons à d'autres l'honneur de lui présenter la couronne que lui offre l'humanité reconnaissante, et nous nous contenterons de jouir en silence de tout le bien qu'il a fait. Car, si nous voulions lui témoigner notre reconnaissance, ou donner quelque faible marque de l'admiration qu'il nous a inspirée, les envieux ne manqueraient pas de dire que nous voulons *l'encenser* (1), *le transformer en idole, nous prosterner à ses pieds, l'adorer, acheter du bronze pour lui faire couler une statue* (2), et mille autres sottises ou calomnies pareilles.

Cependant, au milieu de l'allégresse générale excitée par son triomphe, une voix sinistre continue de se faire entendre : c'est la voix de Louis-Jacques Bégin qui ne peut se lasser de vomir ses injures. Il y trouve un tel plaisir qu'il va jusqu'à faire un crime au vainqueur d'avoir trop bien combattu : il l'accuse d'avoir employé des armes dont il ne devait pas se servir, parce que ce cou-

----

(1) Lettre, p. 17.
(2) *Ibid.*, p. 37.

rageux défenseur des droits de l'humanité *a forcé par la crainte du ridicule les fauteurs d'une doctrine meurtrière à lui céder la victoire* (1). Le calomniateur ne voit pas, dans l'aveuglement où l'a mis sa fureur, qu'attaquer par le ridicule l'erreur, quand elle résiste à la force du raisonnement, est une chose permise et même une obligation pour celui qui tient dans ses mains la cause de la vérité. Honneur à celui qui a si bien su se servir de cette arme; car, par son moyen et grâce à sa persévérance, il n'a pas laissé périr la bonne cause, et il est parvenu, après avoir découvert et dit la vérité, à forcer ses ennemis mêmes à l'admettre, ou du moins il les a réduits à n'oser s'inscrire contre elle.

Mais j'entends encore la voix de son détracteur qui crie, à qui veut bien le croire, que l'homme de bien contre lequel il s'acharne *a manqué de respect pour son maître et qu'il lui a adressé des injures et d'offensantes personnalités* (2).

Ce reproche insultant a servi jusqu'à ce jour de consolation à ceux qui ne peuvent pardonner ses découvertes à l'auteur de la Doctrine physiologique. En effet, on les entend dire tous les jours, quand on les réduit au silence par les preuves de la doctrine dont ils détestent l'auteur : *Vous avez raison, ce que vous dites est vrai, mais l'homme dont vous parlez en a mal agi envers son maître.*

Bien plus, oserai-je le dire, au déplaisir de quelques personnes honnêtes, mais trop crédules et trop superficielles, il s'en est trouvé parmi elles de si faciles

____

(1) Lettre, p. 10.
(2) *Ibid.*, p. 10.

(32)

à se laisser convaincre, qu'elles ont ajouté foi aux propos de l'envie et de la malveillance, et pris une idée défavorable du caractère de l'homme qu'on leur a si faussement dépeint. Alors les méchans se sont applaudis de leur honteux triomphe. Mais ils seront poursuivis jusque dans leur dernier refuge. Aussi bien *il est temps d'en finir.......... Il importe à la vérité de redresser ces jugemens inexacts et de montrer l'auteur de la Doctrine physiologique tel qu'il est, tel qu'il a toujours été* (1).

Nous allons donc éclairer les consciences des personnes dont nous venons de parler : nous sommes bien sûr que nous les convaincrons en leur faisant voir l'ignorance et le mensonge de ceux qui ont abusé de leur crédulité, et que, dans leur bon cœur, elles nous sauront gré de les avoir détrompées.

Où sont-elles les preuves de cette dernière accusation ? Demandons-les à Louis-Jacques Bégin : s'il en existe une seule, il saura bien la trouver, lui qui cherche si diligemment tout ce qu'il croit propre à noircir la réputation de son maître.

Les voici telles qu'il nous les présente : l'auteur de la Doctrine physiologique a dit, selon Louis-Jacques Bégin, *que son maître n'est qu'un classificateur qui place un bandeau sur les yeux de ses adhérens* (2) ; *que sa méthode ou système n'est qu'un vague et futile encadrement de dénominations prétendues philosophiques* (3), *qu'un objet de dérision* (4).

---

(1) Lettre, p. 7.

(2) *Ibid.*, p. 15. — Examen de la Doctrine, 1re. édit., p. 394.

(3) *Ibid.*, p. 16. — *Ibid.*, p. 375:

(4) *Ibid.*, p. 16. — *Ibid.*, p. 6.

Nous allons examiner froidement ces preuves. Mais auparavant, commençons par confronter les citations avec l'original.

Voici ce que je trouve à la page 394 de la première édition de l'examen : *mais s'il (c'est de M. Louyer-Villermay qu'il s'agit ici) n'a pas fait ces distinctions, à qui faut-il s'en prendre ? Aux classificateurs qui lui ont mis, comme à bien d'autres, un bandeau sur les yeux.*

Je supplie le lecteur de vouloir bien prendre garde qu'il n'est ici question de personne en particulier. Je ne vois nulle part le nom de celui auquel Louis-Jacques Bégin suppose que s'adresse l'injure, si tant est qu'il y ait injure, ce que je ne crois nullement. Il est donc bien manifeste qu'il a inculpé faussement son maître. D'après cela, je laisse aux lecteurs le soin de déterminer à quel degré d'impudence et d'effronterie il faut être parvenu pour oser faire dire à un homme ce qu'il n'a pas avancé, surtout quand il s'agit de porter atteinte à sa réputation et à son caractère, sans aucune nécessité et de pure gaîté de cœur. Mais, supposé même, ce qui est faux, que cet homme eût mérité le reproche que lui fait Louis-Jacques Bégin, qu'est-ce que cela ferait à la science, aux questions qui doivent s'agiter entre des médecins, à l'humanité en un mot ? l'auteur de la Doctrine physiologique en serait-il moins l'auteur de cette doctrine ? les services qu'il a rendus en seraient-ils moins réels ? lui devrait-on pour cela moins de reconnaissance ? S'il n'avait pas été juste, serait-ce une raison pour manquer de justice à son égard ? Mais je m'arrête ; car je crains de charger trop la question de preuves et d'en fatiguer le lecteur.

3

Venons-en à la seconde citation qui doit, selon Louis-Jacques Bégin, se retrouver à la page 375 de l'examen, première édition. J'ouvre l'original et je lis très-attentivement cette page. Mais quelle est ma surprise ! Je n'y trouve rien, pas un seul mot, qui ait rapport à ce que Louis-Jacques Bégin prétend y avoir trouvé. Que vais-je faire? Comment lui répondre ? Ce qu'il avance est matériellement faux. Cependant je veux bien le supposer vrai, et je vais examiner la proposition qu'il a mise en avant.

Selon lui, ce serait avoir dit une injure que d'avoir avancé que *la méthode ou système* (1) du maître de l'auteur de la Doctrine physiologique *est un vague et futile encadrement de dénominations prétendues philosophiques.* Mais cette proposition est exactement vraie, et n'a rapport qu'aux ouvrages de l'auteur dont on veut parler ici. Elle est peut-être ce qu'il y a de mieux prouvé depuis que la Doctrine physiologique existe, surtout pour la question tant rebattue des fièvres essentielles, sur laquelle l'auteur de la méthode ou du système en question s'était tant appliqué à faire des encadremens. D'ailleurs Louis-Jacques Bégin reconnaît que cette méthode ou ce système est une *doctrine erronée.* D'après cela, où

---

(1) La passion de Louis-Jacques Bégin ne lui a pas permis de voir la faute de grammaire qu'il a commise en cet endroit. En effet, on ne doit pas dire, *la méthode ou système,* mais bien la méthode ou le système ; car il est de règle que *l'article, servant à déterminer la signification du substantif, doit conséquemment être répété avant chaque substantif* (Grammaire des grammaires, p. 210). Louis-Jacques Bégin devrait bien étudier sa grammaire.

est donc l'injure qui aurait été faite à l'auteur d'une semblable méthode ? (1)

La troisième proposition, sur laquelle Louis-Jacques Bégin s'appuie, et qui doit se trouver à la page 6 de l'examen, première édition, ne s'y trouve pas. Je l'y ai inutilement cherchée.

Cependant il n'y a dans toute sa lettre d'autres preuves pour motiver le reproche qu'il adresse à son maître, que les trois propositions dont je viens de démontrer le vide et la fausseté. Tout le reste ne contient que de vagues assertions sans aucune citation, sans aucun raisonnement à l'appui. Les lecteurs pourront, s'il le désirent, vérifier par eux-mêmes ce que j'avance ici.

D'après cela, que devient l'accusation de Louis-Jacques Bégin ? Que deviennent ses déclamations insultantes ? Et les personnes que lui ou les calomniateurs de son espèce ont abusées, à quoi se résolvent-elles ? Assurément, si elles pouvaient balancer un instant à reconnaître leur méprise, il faudrait qu'elles se complussent beaucoup dans leur erreur, et alors elles ne mériteraient pas qu'on raisonnât plus long-temps avec elles.

Cependant, diront-elles peut-être, pour se laver

____

(1) Il doit être bien clair, pour les lecteurs, que Louis-Jacques Bégin ne connaît pas la valeur des mots qu'il emploie, et qu'il ignore en particulier la signification du mot *injure*. Cette ignorance paraîtra sans doute bien surprenante de la part d'un homme qui pratique si souvent l'action indiquée par ce mot. Mais nous aurons encore plusieurs occasions de le convaincre d'ignorance sur sa langue, dans la suite du travail auquel nous nous livrons.

de la honte de s'être laissées tromper, on nous a tant
de fois répété le reproche d'avoir manqué aux convenances et à la justice, sur le compte de l'homme que nous
reconnaissons bien maintenant avoir été calomnié, que ce
reproche doit avoir au moins un prétexte quelconque.
Peut-être les indignes, aux propos desquels nous n'a-
jouterons désormais nulle confiance, sont-ils parvenus
à lui donner une apparence de vérité, en torturant les
mots et en dénaturant les pensées, comme nous voyons
qu'a voulu le faire l'homme que vous venez de démas-
quer. Veuillez bien, nous vous en prions, nous aider à
découvrir l'origine de notre méprise ; veuillez bien nous
dire, en un mot, quel peut être ce prétexte trompeur.....
Certes, je désirerais de tout mon cœur pouvoir les
satisfaire ; mais que leur répondrai-je, moi qui ne
puis deviner tous les nombreux détours qu'invente la
mauvaise foi de ces hommes pour se jouer de l'honnê-
teté et de l'honneur publics ?

Tout ce que je puis dire à ces personnes qui se plai-
gnent d'avoir été trompées et qui désirent en connaître
la cause, c'est que l'auteur de la Doctrine physiologique s'est souvent vu forcé, par la résistance que ses adversaires ont mise à se laisser convaincre, de parler
avec véhémence. Mais, parler avec véhémence, est-ce
dire des injures ? Est-ce violer les convenances de société ? Est-ce obéir au besoin de crier ? Est-ce adresser
d'offensantes personnalités à ceux dont on parle ? Quand
Démosthène tonnait du haut de la tribune d'Athènes,
adressait-il d'offensantes personnalités à ceux dont il
parlait ? Obéissait-il au besoin de crier ? Violait-il les
convenances de société ? Disait-il des injures ?

Mais, où suis-je parvenu ! A quel triste rôle, bon Dieu, je me vois abaissé ! moi qui craindrais d'affaiblir la réputation de l'auteur de l'*examen des doctrines*, en faisant son apologie, parce que je sens que je ne pourrais en parler dignement, au gré des personnes qui se font un devoir d'être reconnaissantes, il faut aujourd'hui que je le justifie des plus basses accusations ; il faut que je prouve qu'on a tort de prétendre que ce n'est pas l'amour de l'humanité qui lui a fait écrire ses ouvrages, mais *l'indignation rapportée en grande partie à son intérêt personnel* (1) ; il faut que je prouve qu'un bien-faiteur des hommes n'est pas un égoïste. Mais que pourrai-je dire sur d'aussi affreuses calomnies? Vouloir y répondre, ce serait supposer qu'elles peuvent être crues ; ce serait faire aux lecteurs l'injure de les croire accessibles, comme le libelliste qui les a inventées, à de viles passions. Non, je ne puis m'y résoudre ; car je leur ferais un trop sanglant outrage. Imitons plutôt l'exemple de ce vertueux citoyen de Rome injustement dénoncé par ses ennemis, qui, au lieu de répondre à leurs accusations, entraîna sur ses traces le peuple au Capitole pour y rendre grâce aux dieux des victoires qu'il avait remportées. Payons à ce bienfaiteur des hommes le tribut de reconnaissance qu'il a si bien mérité; rendons-lui d'éternelles actions de grâce, et que le nom de son calomniateur ne vienne pas souiller cette page.

Arrivé au point où nous sommes parvenus, nous prions les lecteurs de vouloir bien nous permettre quelques instans de repos. Nous en profiterons pour

---

(1) Lettre, p. 14.

jeter un coup-d'œil sur les différentes parties du che-
min que nous leur avons fait parcourir, et pour voir si
la tâche que nous avons entreprise est bientôt accom-
plie. Nous avons promis de faire voir que l'écrit sur lequel ils ont en ce moment leur attention fixée n'est
autre chose qu'un libelle. Ils jugeront eux-mêmes jusqu'à quel point nous avons tenu notre parole. La marche
que nous avons adoptée est bien facile à suivre : nous
avons procédé lentement, pas à pas, et toujours la
preuve à la main ; nous avons suivi directement la route,
sans jamais perdre de vue notre but. Poursuivons toujours d'après les mêmes principes.

*La révolution que l'auteur de la Doctrine physiologi-
que désirait introduire dans la théorie et la pratique se
serait opérée d'une manière plus complète, et vraisembla-
blement propagée à la faculté elle-même, s'il avait parlé
aux consciences, au lieu d'exciter les passions, s'il avait
présenté la vérité sans froisser les amours-propres, sans ré-
volter toutes les âmes généreuses (1).*

Nous avons dit plus haut, d'une manière générale,
la véritable cause qui empêche que la révolution ré-
cemment introduite dans l'art de guérir ne soit aussi
complète qu'elle pourra le devenir. Tous les hommes,
au reste, qui pratiquent consciencieusement ce bel art,
conviennent parfaitement aujourd'hui qu'une révolution
aussi prompte et aussi générale que celle qui vient
d'avoir lieu en médecine, est sans exemple dans aucune
science. C'est qu'en effet la médecine a été, jusqu'à
nos jours, la plus arriérée de toutes les sciences, et

____

(1) Lettre, p. 11 et 12.

qu'elle n'existe pour ainsi dire que d'hier. Mais ce n'est pas de cela que je prétends parler ici, et je laisse aux contradicteurs intéressés à nier cette proposition, le plaisir de disputer là-dessus tant qu'ils le voudront. A quoi bon leur répondre, en effet? Leurs paroles périront ainsi que leurs écrits, et la vérité seule restera.

Nous voulons seulement extraire de la phrase que nous venons de citer les pensées qu'elle renferme, afin que les lecteurs puissent juger si elles sont conformes aux principes d'une saine morale. Rappelons-leur d'abord que la Doctrine physiologique est bien certainement *la cause de la vérité* (1), et demandons-leur si l'on peut justifier une faculté de médecine de ne l'avoir pas admise dans son sein, en disant que ce n'est que parce que ses passions ont été excitées et son amour-propre froissé. Demandons-leur si la première passion d'une faculté de médecine ne doit pas être l'amour de l'humanité et le désir que la vérité soit enseignée dans son enceinte. Demandons-leur si une faculté, dans laquelle se trouveraient des hommes agissant comme Louis-Jacques Bégin prétend qu'ils ont agi, obéirait à des sentimens généreux, et si elle consulterait la voix de sa conscience..... Voilà pourtant où conduit la fureur de tout envenimer. On veut noircir la réputation d'un honnête homme; on s'efforce à tout prix de lui nuire dans l'opinion publique; on va jusqu'à le rendre responsable du mal que font ses adversaires (2), au risque même d'injurier

---

(1) *Lettre*, p. 5.

(2) Je ne fais ici que suivre les conséquences des principes de Louis-Jacques Bégin. Je ne dis pas si les adversaires du fondateur

ceux-ci ; car n'est-ce pas injurier la faculté de médecine
que de lui supposer les sentimens que Louis-Jacques
Bégin lui attribue ?

En outre, nous pourrions, si cela était nécessaire, le
convaincre d'avoir fait à plusieurs de ses confrères la
même insulte qu'à la faculté de médecine, lorsqu'il a
dit que *des médecins éclairés ont adopté la plus grande
partie de la pratique de l'auteur de la médecine physiologique, parce qu'elle est bonne, mais que beaucoup
d'entre eux se sont refusés à embrasser ouvertement cette
cause.* (1)

En effet, n'est-ce pas dire positivement qu'ils ont dis-
simulé, ou tout au moins qu'ils n'ont pas voulu mani-
fester au public une chose qu'ils savent bien *être bonne;*
qu'ils ont manqué, par conséquent, à leurs premiers
devoirs, à l'humanité et à la charité. Je ne sais si l'on
peut dire que de tels médecins sont des hommes éclairés, mais sûrement l'on ne dira jamais que ce sont des
médecins philanthropes.

On voit donc que l'auteur de l'écrit diffamatoire qui
nous occupe en ce moment, n'injurie pas seulement
son maître, mais même la faculté dont il n'y a que
très-peu de temps il était encore élève, mais ses
confrères, mais tout le monde. Il est vrai qu'il croit
justifier ceux au moyen desquels il veut charger son
maître ; mais alors sa maladresse est extrême : ses justifications, ses complimens eux-mêmes ne sont que
des offenses.

---

de la doctrine physiologique agissent bien ou mal ; leur conduite n'a
aucun rapport avec mon sujet.

(1) Lettre, p. 10.

Cependant, nous en avons assez dit, et nous croyons avoir solidement prouvé, ainsi que nous l'avions promis, que la lettre de Louis-Jacques Bégin n'est autre chose qu'un libelle. Nous croyons même avoir fait plus; car nous venons de voir que c'est un libelle insensé. La force des conséquences nous conduit à cette conclusion, et nous entraîne au-delà de notre promesse. Nous prions les lecteurs de vouloir bien nous le pardonner; car ce sont eux que nous avons pris pour nos juges.

Après leur avoir démontré que Louis-Jacques Bégin s'est rendu réellement coupable de tous les griefs que nous lui avons reprochés, il nous resterait à examiner si ceux dont il se prétend innocent ne sont pas aussi bien fondés : s'il n'est pas vrai, par exemple, qu'il ait pillé la doctrine de son maître, qu'il soit un plagiaire en un mot. Il se démène et se débat tant qu'il peut pour faire accroire le contraire; mais je n'ai pas l'intention d'entrer dans le détail des faits qui prouvent incontestablement qu'il a mérité ce reproche. Quiconque a lu ses compilations n'en doute aucunement. Il n'y a que lui qui prétende le contraire. Ce serait donc faire un travail inutile que de vouloir démontrer cette proposition, puisque les lecteurs n'ont aucun besoin qu'elle le soit, et que lui n'en persisterait pas moins à crier comme un énergumène : qu'il n'a pas *pillé son maître* (1), *qu'il a publié le fruit de ses réflexions* (2), etc. Je ferai seulement remarquer, d'une manière générale que, quand il

______

(1) Lettre, p. 31.
(2) *Ibid.*, p. 34.

fait ses compilations , il exécute le même manège que quand il parle du caractère et de la personne de son maître.

Il commence par dire, dans *un coin de préface*, pour me servir de son expression , que ce qu'il y a de bon dans son livre appartient à l'auteur de la Doctrine physiologique. Ensuite, quand il croit s'être bien mis à couvert par cet aveu forcé, il présente les idées de celui qu'il compile de manière à faire croire aux gens superficiels qu'il les tire de son propre fond, et le nom de son maître n'est presque plus prononcé que quand il s'agit de parler contre lui, de restreindre le plus possible ce qui lui est favorable et honorable, de déprécier sa doctrine , de la gâter, d'y faire ce qu'il appelle des modifications , des corrections, des remarques.

Mais laissons-le consumer ses forces à ce travail de zoïle, et voyons s'il a mérité cette dernière qualification (1). Il ne la trouve, dit-il , ni juste ni polie (2) : tâchons de prouver d'abord qu'elle n'est que trop juste ; nous verrons ensuite ce que c'est que la politesse, et si Louis-Jacques Bégin mérite qu'on en ait pour lui.

Il n'est parmi les lecteurs personne qui ne sache ce

---

(1) Louis-Jacques Bégin, en voulant répondre à cette qualification qui lui a été donnée par son adversaire, reconnaît par cela même qu'elle le touche en quelque chose, et nous met dans l'alternative ou de lui prouver qu'elle est juste, ou de laisser croire qu'on l'a calomnié. Nous sommes donc forcé par lui-même d'entrer dans la discussion de questions qui nous répugnent ; car enfin nous devons lui répondre sur tous les points où il se dit faussement accusé.

(2) Lettre, p. 35.

que c'était que Zoïle: or, je ne trouve pas qu'il y ait une si grande différence entre cet homme-là et Louis-Jacques Bégin ; la seule que j'y voie, c'est que Zoïle ne dépréciait et n'injuriait qu'un seul homme, tandis que Louis-Jacques Bégin déprécie et injurie tout le monde.

Voudrait-il, après cela, que l'on fût poli envers lui, c'est-à-dire qu'on eût des prévenances et qu'on fût attentif à ne rien dire et à ne rien faire qui lui déplût ; car c'est en cela que consiste, en grande partie, la politesse, qui n'est autre chose que l'art de se passer des vertus qu'elle imite et de faire croire aux autres qu'ils les ont. La politesse, dit Montesquieu, flatte les vices des autres. Le collaborateur et savant confrère de Louis-Jacques Bégin, M. Boisseau, s'acquittera merveilleusement de ce soin, envers son cher ami, dans le Journal Universel des Sciences médicales. Il est donc inutile que nous nous en chargions ; et d'ailleurs, selon nous, la politesse irait mal avec *l'austérité* du caractère de Louis-Jacques Bégin, avec *l'inexorable histoire* (1).

---

(1) Voyez, page 38 de son *fragment d'histoire*, comment il parle *le langage austère de la vérité*, et page 16, les belles sentences qu'il établit sur *l'inexorable histoire*. Rappelez-vous aussi qu'il a voulu tracer *un fragment d'histoire pour prévenir les jugemens inexacts de la postérité* (p. 6 et 7), et allez voir ensuite, à la page 39, comment il dit que *dans quinze jours il ne s'agira plus de ce débat*. Vous verrez par ce moyen que la postérité la plus reculée à laquelle puisse parvenir la lettre de Louis-Jacques Bégin est une postérité de quinze jours. C'est peut-être là la seule vérité qu'il ait dite dans son beau fragment d'histoire. Quelle misère !

Si maintenant on désirait avoir un exemple de la civilité d'un auteur qui trouve mauvais qu'on manque de politesse à son égard, nous pourrions citer, comme un modèle en ce genre, la phrase dont il se sert pour désigner ceux qui lui reprochent justement ses défauts : *Vous êtes encore éloigné*, dit-il à l'auteur de la Doctrine physiologique, *de ce degré de puissance qui vous permettrait de livrer aux bêtes les hommes qui vous déplaisent* (p. 31 de son libelle). Comme cela est noble, aisé, fin, délicat, conforme à l'usage et aux coutumes de la bonne société. C'est ici qu'on pourrait dire à Louis-Jacques Bégin, selon l'acception vulgaire du mot, qu'il n'est pas poli, ou mieux, en suivant le vrai sens des mots, qu'il n'est pas civil; car la civilité, dit encore Montesquieu, nous empêche de mettre nos vices au jour, et Louis-Jacques Bégin nous montre, dans cette circonstance, combien il respecte peu ses lecteurs et lui-même, en mettant sous leurs yeux des propos qu'on ne trouve que parmi la populace et les gens sans éducation.

Ce n'est pas là tout: il veut aussi manier l'ironie. Il faut voir (1) les beaux mouvemens d'éloquence auxquels il se livre pour y parvenir. Cependant toutes ses grandes exclamations pathétiques avec des points de réticence et de suspension, par lesquelles il s'attend à émouvoir ses lecteurs, à les faire *rire ou s'indigner*, pour me servir

Est-il croyable qu'il se soit trouvé après cela des hommes assez peu réfléchis pour se méprendre au point de dire que Louis-Jacques Bégin est doué d'un *talent redoutable*, et qu'on doit craindre de s'attaquer à lui.

(1) Lettre, p. 34 et 35.

de son langage, ne sont propres à faire impression que sur l'esprit des enfans et des sots, attendu qu'elles portent toutes à faux et qu'elles sont autant de personnalités, de grossièretés et d'injures maladroites. Louis-Jacques Bégin commet ici la méprise ordinaire aux orateurs ignorans, qui supposent que leurs auditeurs seront le jouet d'un artifice grossier.

Cependant, il est temps d'en finir; car, quelque facilité qu'il y ait à lui répondre, nous ne pouvons être aussi prodigue en réponses que lui l'est en injures. Pour comprendre dans le moins de mots possible tout ce que renferme sa lettre, nous dirons en résumé qu'elle n'est qu'un tissu de bassesses et d'iniquités, et qu'il n'y a pas une page au bas de laquelle on ne dût mettre *inepties*, *calomnies*. Et que Louis-Jacques Bégin ne prétende pas que nous lui disons des injures en parlant de la sorte; car, ainsi que nous l'avons établi ci-dessus, pour qu'il y ait injure, il faut qu'il y ait injustice, et que le tort qu'on fait à autrui n'ait pas été mérité. Mais ce que nous disons ici n'est que la conclusion forcée et bien légitime des preuves que nous avons fournies dans le cours de notre travail, et c'est un châtiment que Louis-Jacques Bégin s'est justement attiré.

Je pourrais borner ici ma tâche; et, en effet, je n'ajouterais pas un seul mot de plus, si je n'avais promis aux lecteurs de faire voir que, quand Louis-Jacques Bégin a voulu parler sur la science, il a mal raisonné. L'examen de cette question est, selon moi, beaucoup moins important que celui de la précédente; car je pense que c'est une occupation bien peu glorieuse et bien peu profitable que celle de discuter avec un folliculaire qu'on a déjà convaincu de mauvaise foi. Si je ne m'y croyais pas obligé par la parole que j'en ai donnée, je céderais bien volontiers à toutes les prétentions que d'autres que moi peuvent avoir sur ce point. Il est beau, sans doute, de prendre la plume pour exposer quelque vérité nouvelle ; mais se livrer, comme Louis-Jacques Bégin, à de vaines disputes qui n'ont d'autre objet que de remplir les pages d'un journal ou de dire des injures, ce n'est pas, selon moi, une occupation digne d'un honnête homme. Je n'ai que du mépris pour la réputation qui s'acquiert par un semblable moyen ; et d'ailleurs, le seul titre que j'ambitionne est celui d'*honnête praticien*. Louis-Jacques Bégin aurait beau vouloir m'insulter par ce nom (1), je m'en tiendrais toujours pour très-honoré, et j'aimerais beaucoup mieux passer pour un homme n'ayant que du simple bon sens, mais honnête, que pour un bel esprit, avec les qualités de Louis-Jacques Bégin.

Quoiqu'il en soit, nous allons examiner quelques-unes de ses propositions, pour nous mettre à même de juger de la force de ses pensées et de la solidité de ses raisonnemens. Commençons par la suivante :

Les praticiens français, dit-il, *étaient ralliés à une Doctrine simple, lumineuse, fondée sur la physiologie la plus positive du temps, bien qu'elle fût erronée dans*

---

(1) Louis-Jacques Bégin répète avec ironie dans plusieurs endroits de sa lettre la qualification d'*honnête praticien*, croyant dire, selon sa coutume, une grosse injure à celui qu'il désigne par ces mots.

le plus grand nombre de ses principes et de ses applica-
tions (1). Tâchons d'abord de faire disparaître l'am-
biguité de cette phrase, et de déterminer si c'est la
doctrine qui était simple, lumineuse et erronée en
même temps, ou si c'est la physiologie qui était positive et erronée, et qui servait de fondement à une doctrine simple et lumineuse. Quel galimatias ! cependant
examinons s'il signifie quelque chose, et, pour éviter
toute contestation, raisonnons dans ces deux suppo-
sitions.

Dans la première, celle d'une doctrine simple, lumineuse et erronée, outre l'extrême difficulté qu'il y a
de comprendre qu'une doctrine puisse être à la fois lumineuse et erronée, ce qui veut dire qu'elle est propre
à éclairer l'esprit, et que, néanmoins, elle contient un
grand nombre d'écarts de raison et de fausses opinions;
outre cette difficulté, dis-je, on voit bien clairement
que c'est énoncer une absurdité que d'avancer qu'une
semblable doctrine est simple, puisque nécessairement
elle doit, par le mélange des idées fausses et vraies qu'on
suppose qu'elle renferme, embarrasser l'esprit, selon
l'expression de Descartes, d'une grande quantité de
doutes et d'incertitudes, et donner lieu à un travail
pénible pour distinguer l'erreur d'avec la vérité.

Dans la seconde hypothèse, celle d'une physiologie
la plus positive du temps, et cependant erronée dans
le plus grand nombre de ses principes et de ses applications, quoiqu'il y ait une restriction choquante ap-
portée à l'une de ces deux propositions par l'autre, on

(1) Lettre, p. 7.

peut néanmoins concevoir ce qu'elles expriment; mais ce qu'il est impossible d'admettre, ce qu'on ne peut dire sans déraisonner complètement, c'est qu'une doctrine basée sur une semblable physiologie soit simple et lumineuse. Autant voudrait dire qu'une science fondée sur l'erreur est une science vraie. (1)

Voilà pourtant les idées qu'enfante la forte tête de Louis-Jacques Bégin. Mais comment concevoir qu'il ait pu se résoudre à faire imprimer de pareilles inepties? Son effronterie me surprend : il faut qu'il ait pris quelqu'arrangement secret pour se mettre à l'abri d'une critique impartiale; il faut qu'il ait quelque part des amis complaisans qui lui aient promis d'être *polis* envers lui, de flatter ses imperfections. C'est, en effet, ce que je trouve en ouvrant le Journal universel des Sciences médicales, où je vois un compte rendu de sa lettre par son illustre ami, M. le docteur Boisseau, qui n'hésite pas un seul instant à dire que la lettre de son savant confrère, Louis-Jacques Bégin, *est un plaidoyer plein de vérité, de raison, de verve et d'esprit* (2). Ce jugement me tire d'embarras, et je conçois maintenant l'extrême audace de Louis-Jacques Bégin. Il s'est cru suffisamment en mesure pour oser s'imaginer qu'il dirait impunément toutes les inepties qui lui passeraient

---

(1) Si nous avions eu à discuter sur des questions purement scientifiques, nous aurions pris le ton qui convient à de pareils sujets; mais il est trop évident que Louis-Jacques Bégin a seulement attaqué *l'homme* dans la personne de son maître; alors, c'est à *l'homme* aussi que nous sommes forcé de répondre.

(2) Journal universel des Sciences médicales, tom. 37, p. 35.

par la tête, espérant qu'elles seraient prises pour autant de traits d'esprit, grâce aux bons offices de son célèbre confrère, qui s'est engagé à lui donner les louanges les plus injustes, et qui pousse l'impertinence jusqu'à dire que Louis-Jacques Bégin a été conduit par *une généreuse abnégation* à composer l'infame brochure dont j'ai fait voir aux lecteurs le contenu.

Puisque nous en sommes sur le compte du digne soutien et complaisant ami de Louis-Jacques Bégin, nous allons faire voir qu'il a mérité tous les reproches que nous avons adressés à celui-ci. Une seule de ses phrases nous suffira pour le faire apprécier. La voici cette phrase : « *Il fait remarquer*, dit-il en parlant de Louis-Jacques Bégin, *que le ton de M. Broussais est devenu de plus en plus acerbe, à mesure que ses principes se sont répandus davantage, à mesure, par conséquent, qu'il devait témoigner plus de reconnaissance à ses confrères* (1). » L'homme éhonté qui tient ce langage, *donne son adhésion aux principes sur lesquels repose la médecine physiologique* (2); et sa pensée est bien réellement que c'est M. Broussais qui doit avoir de la reconnaissance pour ses confrères de ce qu'il leur a appris à mieux traiter leurs malades. D'après le même principe, on devra dire qu'il faut être reconnaissant envers les indigens des aumônes qu'on leur fait, bien plus, ce seront les indigens qui devront tenir ce langage. Une semblable conduite nous paraît être le comble de l'impudence et de l'ingratitude.

---

(1) Journal universel des Sciences médicales, tome 37, p. 34.
(2) *Ibid.*, p. 31.

Lorsque l'on voit des hommes se conduire avec la plus grande confiance sur des maximes si nouvelles et si peu concevables, on ne peut s'empêcher de soupçonner et même de croire fermement qu'ils ont en tête quelque perfide projet ; et, en effet, les disciples de l'école physiologique qui se croient obligés de se séparer de leur maître, se sont concertés entre eux pour lui ravir, non-seulement les vérités qu'il a découvertes, et qu'il considère comme une propriété commune et comme un bien qu'il est aussi satisfait de voir répandre par d'autres que par lui, mais même l'honneur et la reconnaissance qui lui sont dus à si juste titre pour les services qu'a rendus une Doctrine qui, dans ce sens, est sa propriété (1). Ils ont adopté pour cela un

---

(1) « La vérité, dit saint Augustin, n'est ni à moi, ni à vous, » ni à lui, mais à nous tous qu'elle appelle avec force à la publier » de concert, sous peine d'être inutiles à nous-mêmes si nous ne la » communiquons aux autres. » Louis-Jacques Bégin, qui suppose qu'on ignore cela, s'égaie avec sa finesse et sa délicatesse ordinaires sur une absurdité qu'il attribue malicieusement à celui auquel il croit répondre d'une manière victorieuse. Il suppose que, lorsque l'on a dit que la doctrine physiologique est la propriété de M. Broussais, on a pensé que cette doctrine ne devait servir qu'à lui seul, qu'il n'était permis à nul autre que lui d'en parler, de la faire connaître, que la vérité, en un mot, était sa propriété exclusive. Nous allons lui donner là-dessus une petite explication. Si l'on veut, à son exemple, désigner, par ce mot *propriété*, la vérité elle-même, il est bien clair que c'est dire une chose injuste et répréhensible que d'avancer que la vérité est la *propriété* d'un seul homme, puisqu'elle appartient à *nous tous* ; mais si, par ce même mot *propriété*, on

système de conduite dont le but, ainsi que je crois
l'avoir solidement prouvé dans le courant de cet écrit,
est de chercher à le déshonorer par tous les moyens
qui sont à leur disposition. Ils sont d'autant plus au-

---

veut, comme M. Ferrez en a eu l'intention et comme toute personne
de bonne foi le comprendra, désigner l'honneur et la reconnaissance
que mérite tout homme qui découvre et enseigne des vérités utiles,
alors, oui, une doctrine est réellement la propriété de celui qui
l'établit. Ce dernier sens est certainement le plus naturel et même le
seul auquel on doive s'en tenir, et nous ne pensons pas qu'aucun
lecteur équitable puisse lui en donner un autre.

Après cette explication, je demande ce que signifient ces phrases
de Louis-Jacques Bégin : *Ainsi donc, on n'en peut plus douter,
vous êtes l'inventeur, et, qui plus est, le propriétaire de la doctrine physiologique. Il est maintenant défendu d'écrire sur elle
sans votre aveu; chacun doit se tenir pour averti. Il fallait, monsieur, faire connaître plutôt vos droits, on les eût respectés; il
fallait vous pourvoir d'un brevet d'invention*, etc. (Lettre, p. 34).
Ces grosses bouffonneries sont bonnes pour les personnes qui rient
de tout indifféremment; mais les gens attentifs qui ont quelque goût
et quelque discernement verront bien qu'elles portent toutes à faux,
et qu'elles sont tout au plus dignes d'un saltimbanque déclamant sur
la place publique pour amuser le peuple.

En outre, combien de choses ne peut-on pas voir encore dans ce
langage grossier et maladroit, si l'on fait réflexion que l'honnête
homme auquel Louis-Jacques Bégin adresse toutes ces personnalités, toutes ces plates injures, n'a jamais dit que du bien de lui, et
que les dures vérités qui ont été reprochées à celui-ci et qu'il qualifie d'*outrages mensuels*, ce n'est pas cet honnête homme qui les
lui a dites, mais un autre, auquel Louis-Jacques aurait dû plutôt
répondre, puisqu'il n'a pu surmonter son penchant à la ca-

dacieux et d'autant plus acharnés dans l'exécution de
leur détestable entreprise, qu'ils donnent pour excuse
du mal qu'ils s'efforcent de lui faire, le bien que font
les vérités qu'ils lui ont empruntées. Ils s'appliquent à
détruire sa réputation : ils corrompent et déprécient sa
doctrine ; ils voudraient faire oublier presque tous ses
services, et, pour ainsi dire, l'enterrer tout vivant ; et, si,
pendant qu'ils le dépouillent (1), il veut élever la voix,

---

lomnié. Si je voulais examiner sérieusement toutes les conséquences
d'une semblable façon d'agir, à quels résultats honteux ne serais-je
pas conduit !

(1) Il est curieux de voir le savant confrère de Louis-Jacques
Bégin venir nous dire, tranquillement et d'un air de conviction, que le succès des compilations qu'il a faites dépend
des modifications apportées par lui aux idées qu'il a prises à l'auteur de la doctrine physiologique, tandis que ce succès dépend uniquement de ce que celui-ci n'ayant pas encore publié de traité de
pathologie, le public a été obligé de se contenter de la *pyrétologie*
de M. Boisseau et de plusieurs autres ouvrages de même fabrique,
en attendant mieux. Cela est tellement vrai, que je le défie lui-même
de trouver ailleurs que parmi ses amis une seule personne qui par-
tage son sentiment. J'ai même questionné à ce sujet, par pure curio-
sité, un grand nombre de médecins qui ont acheté sa *pyrétologie*,
et tous m'ont répondu n'avoir fait cette emplette que dans l'espoir
d'y retrouver les idées du fondateur de la doctrine physiologique ;
ils m'ont même paru peu satisfaits des prétendus *correctifs* que le
pillard s'est permis d'apporter à la doctrine de son maître. Il résulte
de là que ce n'est pas l'ouvrage de M. Boisseau qu'on a acheté,
mais les idées de M. Broussais rendues tant bien que mal par
M. Boisseau, et que celui-ci a tort de dire, avec une extrême importance, *ma* pyrétologie ; car il n'y a de sien, à très-peu de

s'il réclame le bien qu'on lui ravit, s'il s'indigne de voir qu'on prétend que c'est lui qui doit être reconnais- sant des services qu'il a rendus à ses confrères et à l'humanité, on lui répond qu'il a *le ton acerbe*, que *sa*

---

chose près, dans ce livre, que ce qu'il renferme de mauvais, ainsi qu'on le lui a prouvé. Cependant son audace est aussi grande que celle de son ami, Louis-Jacques Bégin; en effet, il ose dire que le public *a compris* tout le contraire de ce qu'il croit réellement. Il engage M. Broussais à parcourir les provinces, où il verra, dit-il, *mon livre placé à côtés des siens comme un utile correctif.* Dans sa folle vanité, il ne voit pas que ce n'est ni à lui, ni à ses *correctifs*, que cet honneur se rend et que la gloire en est due *.

Cependant laissons-le se traîner sur la trace de son maître et s'ap- proprier fièrement et publiquement les productions d'autrui; nous sommes bien sûr que personne ne répétera après lui ce qu'il dit. Faisons seulement remarquer que les fausses prétentions de M. Bois- seau ont le même fondement que l'effronterie de Louis-Jacques Bégin. Celui-ci s'est engagé à rendre à son savant confrère, dans *le Journal complémentaire des Sciences médicales*, le même service que M. Boisseau lui a rendu dans *le Journal universel des Sciences médicales*, en donnant des éloges à son effroyable libelle. Il est même bon de prévenir à ce sujet le public de la tactique adoptée par les pillards de la doctrine physiologique. Ils se sont arrangés entre eux de manière à ce qu'il y ait, parmi les rédacteurs des diffé-

---

* Un baudet chargé de reliques
S'imagina qu'on l'adorait :
Dans ce penser il se carrait,
Recevant comme siens l'encens et les cantiques.
Quelqu'un vit l'erreur, et lui dit :
Maître baudet, ôtez-vous de l'esprit
Une vanité si folle, etc.

LAFONTAINE, livre 5, fable 14.

conduite est singulière (1) ; *qu'il a des prétentions gigan-*
tesques et de la mauvaise foi (2) ; *qu'il est d'une intolé-*
rance hostile, que ses exigeances sont à chaque instant
renaissantes (3). Ils cherchent même à donner à toutes
leurs infamies le tour qu'ils croient le plus propre à les
rendre plaisantes, en disant, par exemple, avec ironie,
qu'il est un père tendre outragé par ses enfans (4).

Une semblable conduite est bien de nature, sans
doute, à autoriser les plus vives réclamations, et ne
justifie que trop celles de M. Ferrez; car, si Louis-
Jacques Bégin et ceux de sa coterie qui l'ont imité,
n'avaient eu en vue, dans leurs entreprises littéraires,
que de concilier leur intérêt particulier avec le bien

---

rens journaux de médecine, un des leurs qui se charge de rendre
compte des livres écrits par chaque membre de la coterie, afin de
pouvoir se louer et se flagorner à leur aise et se déchaîner tous,
au moindre signal, contre les ouvrages de l'auteur de cette doctrine,
aussitôt qu'ils paraissent. Ils ont ainsi organisé une véritable cabale,
et, parmi les cabaleurs, il n'en est pas qui soient plus fidèles à la parole qu'ils se sont donnée, que Louis-Jacques Bégin et son savant
confrère. C'est à la faveur de l'arrangement dont nous parlons que
celui-ci s'est imaginé qu'il pourrait dire, sans la moindre difficulté,
que la plus grande partie du mérite des ouvrages qu'il écrit lui
appartient; car, après tout, s'est-il dit en lui-même, cette opinion
s'accréditera par les bons offices de l'ami Louis-Jacques Bégin,
et le public croira que je suis un grand génie.

(1) Journal universel des Sciences médicales, tome 37, p. 34.
(2) *Ibid.*, p. 35.
(3) Lettre, page 5.
(4) *Ibid.*, p. 7.

public sans chercher à nuire à leur maître, loin de les blâmer, on les eut approuvés. En effet, personne n'a réclamé contre M. Goupil, lorsqu'il a mis au jour la doctrine de son maître. Celui-ci ne s'est point élevé contre M. Bégin lui-même, quand il a publié dans un journal la substance des idées de la Doctrine physiologique; il ne s'est point offensé de lui en voir faire l'application à la chirurgie : mais lorsque M. Bégin, M. Boisseau, et quelques autres ont exploité la Doctrine physiologique, avec l'intention de se l'approprier, lorsque, pour y mieux réussir, ils l'ont gâtée, défigurée, et qu'ils n'ont cité leur maître que pour le blâmer, lorsqu'ils se sont efforcés de faire honneur aux autres de celles de ces idées qu'ils n'osaient s'attribuer à eux-mêmes, toutes les personnes honnêtes, délicates, tous les gens de bien, en un mot, ont désapprouvé cette conduite et ont témoigné leur chagrin de ce que ces écrivains parasites ne laissaient pas à l'auteur le temps d'exposer et de développer lui-même les vérités qu'il avait eu le bonheur de découvrir. Dans leur indignation, ils se sont écriés : « Cette doctrine ne vous appartient pas; la manière dont vous la défigurez en est la preuve; laissez parler le véritable inventeur : c'est de lui et non de vous que nous voulons apprendre sa propre doctrine; pourquoi vous arrogez-vous le droit de l'interpréter? s'il ne s'agit que de juger ses ouvrages, nous n'avons pas besoin de vous; ils sont du domaine public. S'il est question de ses leçons, de ses discours particuliers, comment pourrions-nous les juger sur vos écrits, puisque vous ne citez jamais votre maître que pour le contredire ou le blâmer? nous vous faisons grâce de votre empressement officieux à publier ce que

sa bouche a pu vous confier : le profit que vous en ti-
rez nous dispense de toute reconnaissance. Nous atten-
drons qu'il ait confié lui-même ses idées à la presse :
jusque-là nous suspendrons notre jugement et nous
vous regarderons comme suspects. » Mais revenons à
Louis-Jacques Bégin.

Il est peu nécessaire, je pense, d'entrer maintenant
en discussion avec lui pour faire voir aux lecteurs que
ses raisonnemens sont aussi faux que ses pensées sont
absurdes. Je crois même que cela est tout-à-fait inutile;
car on comprendra facilement qu'un auteur qui avance
des propositions semblables à celle que nous avons
examinée ci-dessus, doit être tout-à-fait incapable de
conduire par ordre plusieurs pensées, à moins qu'il ne
compile. Nous avons lu à plusieurs reprises et très-
attentivement son libelle, et nous nous sommes de plus
en plus confirmé dans l'opinion que cet écrit démontre
chez lui un manque absolu de logique et même une
éducation première extrêmement négligée. Nous ne
dirons plus rien de sa mauvaise foi, qui est assez
prouvée, et qui est telle que nous le croyons tout-à-
fait indigne de l'attention des honnêtes gens. On voit
après cela combien ses prétentions sont au-dessus de sa
capacité. Sous ce rapport, le titre seul de sa lettre suf-
firait pour le faire juger. Il dénote la plus stupide indé-
cence qui se puisse imaginer.

Le jugement que nous avançons ici, sur le compte de
Louis-Jacques Bégin, ne s'est formé que lentement dans
notre esprit; car nous nous étions, jusqu'à un certain
point, abusé en sa faveur, ainsi que plusieurs personnes
qu'il ne sera peut-être pas facile de détromper. Nous nous

étions laissé imposer par sa réputation usurpée; nous n'avions pas assez réfléchi sur les moyens par lesquels il se l'est procurée. Mais la lecture attentive de sa ettre nous fait aujourd'hui reconnaître notre méprise. Nous avons été quelque temps en suspens avant de nous déterminer à en faire publiquement l'aveu. Nous n'osions convenir que nous avions eu la faiblesse de nous laisser tromper. Mais la cause en faveur de laquelle nous avons pris la parole, vaut certes bien la peine qu'au dépens d'un peu de honte, nous fassions ici cet aveu. Et d'ailleurs, quand on voit qu'un tel homme emploie à mal faire le peu de moyens qu'il a, il est du devoir de tout ami de la justice et de l'ordre d'en prévenir le public, pour qu'on ait à se garder de lui, surtout quand cet homme malfaisant tourne tous ses moyens de nuire contre un autre qui ne s'occupe qu'à bienfaire ; car il commet alors un attentat public, puisque, ainsi qu'on le lui a déjà dit, toutes ses attaques ayant pour but de détruire la réputation d'un citoyen utile à tout le monde, elles tendent, par cela même, à priver la société du bien que peuvent faire les lumières et les découvertes de ce citoyen recommandable (1).

---

(1) Si l'on met la misérable production que nous examinons en parallèle avec les autres livres de Louis-Jacques Bégin, sans avoir égard à la manière dont ceux-ci ont été composés, l'ineptie de ce compilateur paraîtra aussi inconcevable que son ingratitude. Mais si l'on veut bien faire réflexion qu'il n'est parvenu à jouir d'un certain crédit parmi les siens et aux yeux des personnes frivoles qu'à force de faire des compilations et de se donner du relief aux dépens de son maître, on devra finir par comprendre comment il arrive

Pour revenir à notre idée principale, nous dirons qu'il nous paraît inutile maintenant de démontrer le manque absolu de logique de Louis-Jacques Bégin, par l'examen de la partie scientifique de sa lettre, et cela pour deux raisons : premièrement, parce que cette opinion peut et doit même être déduite forcément de tout ce que nous avons déjà dit ; deuxièmement, parce que nous serions obligé de parler de personnes qui n'ont pas attaqué l'homme auquel en veut Louis-Jacques Bégin, et qu'encore une fois nous ne voulons dire à qui que ce soit sans nécessité des vérités préjudiciables.

---

qu'il ait fait un libelle insensé, quoique ses autres ouvrages contiennent d'excellentes idées, quoiqu'ils se vendent bien, comme a soin de le dire son savant confrère, M. Boisseau, ou Louis-Jacques Bégin lui-même, quoiqu'ils soient à leur troisième édition. En effet, tant qu'il n'a fait que compiler, il s'est maintenu en faveur au moyen des pensées d'autrui ; mais, maintenant qu'il veut composer des libelles et qu'il ne peut trouver rien en ce genre à compiler dans les ouvrages de son maître, il est en quelque sorte réduit à voler de ses propres ailes, et sa chute est inévitable. Conclusion : Louis-Jacques Bégin aurait dû s'en tenir à faire des compilations ; car c'est le seul travail auquel il soit propre.

Nous croyons devoir prévenir que les mots *compiler, compilation,* dont Louis-Jacques Bégin suppose qu'on ne connaît pas la valeur, signifient pour nous la même chose que pour Voltaire parlant de l'abbé Trublet :

> Au peu d'esprit que le bonhomme avait
> L'esprit d'autrui par supplément servait ;
> Il entassait adage sur adage,
> Il compilait, compilait, compilait ;
> On le voyait sans cesse écrire, écrire
> Ce qu'il avait jadis entendu dire.

Louis-Jacques Bégin a mis en jeu ces personnes comme il a mis en jeu la faculté de médecine et ses confrères. Nous les engageons à se rappeler que les justifications de Louis-Jacques Bégin ne sont que des injures, et que le moins qu'il pût résulter de nos recherches serait de faire voir que ces justifications sont autant de faussetés. Nous nous abstiendrons donc de faire aucune recherche sur ce point : et d'ailleurs, la persuasion des lecteurs n'y saurait rien gagner ; elle doit être depuis long-temps à son comble. Ils ne peuvent aucunement douter que la pièce dont nous leur avons donné connaissance ne soit en tout point condamnable. Cependant, qui le croira ! cet écrit déshonorant n'a été blâmé par aucun de mes confrères ; que dis-je ! il a trouvé partout des approbateurs. Les rédacteurs des journaux de médecine en ont parlé avec éloge. Tous, à l'envi les uns des autres et comme des furieux, se sont déchaînés contre l'homme de bien outragé. Ils se sont empressés de lui prodiguer des injures : il n'est pas jusqu'au dernier cuistre qui n'ait aussi voulu dire son mot, et lui porter le dernier coup de pied.

En dénonçant au public toutes ces infamies, nous croyons avoir rempli une tâche honorable ; car nous avons réclamé en faveur de la justice et de la vérité. Cependant, si quelques lecteurs se trouvaient mécontens du travail que nous leur présentons ; s'ils pensaient que nous leur avons fait perdre un temps qu'ils auraient pu mieux employer qu'à lire cet écrit, nous les prierions de vouloir bien prendre garde que ce n'est pas nous qui sommes la première cause du dommage qu'ils ont éprouvé. Si nous leur avons causé quelque mécontentement, c'est à Louis-Jacques Bégin que doit en revenir le blâme : car, si avant de composer ce qu'il appelle un *fragment d'histoire*, Louis-Jacques Bégin nous eut fait part de ses intentions secrètes; s'il nous eut dit, par exemple : « je n'ai pas l'intention de tenir ce que je promets. Quand je dis au public que je vais exécuter une entreprise utile, c'est un piège que je lui tends : je veux le leurrer; laissez-moi faire, il n'en verra rien. Je veux seulement avoir un prétexte pour décrier la personne de mon maître. Je sais bien que j'ai pillé sa doctrine, que j'en ai même tiré bon profit; mais, n'importe; cette homme-là me déplaît, je veux le calomnier. Il n'y a rien que je ne sois prêt à faire pour cela; dussé-je injurier ceux mêmes qui sont tout-à-fait étrangers à ma cause, la faculté de médecine, mes confrères, tout le monde. Je dirai qu'il a rendu des services immenses, parce que je ne puis en disconvenir; mais je mettrai tout en œuvre pour les faire oublier. A force de ruse et d'astuce, je persuaderai au public tout ce que je voudrai. D'ailleurs, je suis bien certain que personne n'entravera mes projets; je puis forger impunément les plus noires calomnies : mes amis m'approuveront; les ennemis de mon maître applaudiront à mes paroles par haine contre lui. J'aurai tout le monde pour moi et je triompherai. » Si Louis-Jacques Bégin m'avait fait cette confidence, je n'aurais pas entrepris la lecture de sa lettre pour y rien chercher d'instructif.

Cependant, si, malgré ces raisons, quelques personnes continuaient de nous faire encore le reproche d'avoir abusé de leur temps, nous nous efforcerions de réparer auprès d'elles cette faute, non pas en leur pré-

sentant un tableau complet de l'histoire de la médecine
à l'époque actuelle , non pas même en essayant de leur
en tracer *un fragment*, car nous ne sommes pas assez
vains pour oser faire de semblables promesses , mais
en leur présentant une légère esquisse de ce qu'a été jusqu'à ce jour le bel art que nous pratiquons ; et encore ,
nous les prierions de vouloir bien nous permettre
d'emprunter à de plus éloquens que nous les pensées
que nous voudrions leur soumettre : de plus , pour ne
pas nous astreindre aux règles sévères et difficiles de
l'histoire , nous leur demanderions de vouloir bien
nous laisser prendre un langage à notre portée ; et, s'ils
y voulaient consentir , ce serait du langage figuré que
nous nous servirions, comme étant le plus facile à comprendre par les personnes étrangères à la science, aux-
quelles nous désirons que la lecture de cet écrit puisse
aussi convenir. Alors nous pourrions essayer de leur
donner une légère idée des principaux changemens qui
se sont opérés dans l'art de guérir, en mettant sous leurs
yeux l'allégorie suivante :

« Fille d'Apollon, de même qu'Esculape, la Médecine
gémissait du sort de son frère, que Jupiter avait fait
mourir; elle se cachait dans les lieux les plus déserts
et les moins habités; elle courait comme égarée, sans
oser se fixer. Hippocrate l'entrevit par hasard au pied
d'une montagne aride : il devint bientôt éperdument
amoureux de cette jeune nymphe, dont les graces dé-
celaient l'origine, et dont le hâle et les fatigues n'avaient
point changé la physionomie régulière et majestueuse.

» Où courez-vous, charmante nymphe? lui dit Hippocrate, et pourquoi fuyez-vous dans des lieux presque

inhabités, où vous ne sauriez trouver que des adora-
teurs indignes de vous? La nymphe, touchée de l'air
de candeur et de la bonne mine d'Hippocrate, lui dit
avec beaucoup de modestie, mais avec confiance : « C'est
vous que je cherche et que je chéris déjà au-dessus de
tous les autres humains : je vais vous rendre le plus
grand des médecins; je partagerai avec vous mon im-
mortalité. »

» Hippocrate s'approche d'elle, consent à vivre sous
ses lois, et lui fit présent d'une robe légère la plus
commode, en même temps la plus simple, et qui éblouis-
sait par sa blancheur. Les anciens cultivèrent la médecine sous cette parure honnête et naturelle. Galien,
après plusieurs siècles , dédaignant cette simplicité,
habilla la Médecine d'étoffes bigarrées , et où le travail
pénible de l'art se faisait trop sentir; il changea la blancheur des lis en rouge éclatant; plusieurs ornemens de
tête, des pendans d'oreilles et d'autres joyaux rendirent
la Médecine méconnaissable. Avicenne passa ses jours
à la farder et à la masquer de plus en plus. Chaque mé-
decin lui fit présent de quelque colifichet; ils ne s'oc-
cupèrent qu'à varier et à multiplier ses habits.

» Paracelse parut. La Médecine, accablée sous le poids
d'inutiles bijoux, s'aperçut bientôt que Paracelse était
issu du sang des dieux, et mille fois au-dessus des
autres mortels : elle ouvre son cœur à cet adorateur
légitime; elle se plaint de toutes les insultes qu'on lui a
faites, de tous les ridicules ornemens dont on l'a accablée; elle prétend reprendre son ancienne parure;
Paracelse devient son confident et l'entretient dans ces
heureux sentimens contre ses anciens courtisans.

» Qui me donnera, dit-elle, un miroir, pour que je puisse m'arranger aux gré des dieux et des hommes raisonnables? C'est Van-Helmont qui présente ce miroir. Il est du sang d'Hippocrate : il met en pièces et rejette au loin tous les barbares affiquets dont on avait surchargé la Médecine : elle demande aux dieux de s'unir à Van-Helmont, ce qui lui est accordé. »

Voilà le tableau qu'un poète faisait de la Médecine, il y a environ deux siècles. On peut, si on le désire, en faire en partie l'application à l'époque actuelle de la science. Il suffit pour cela de substituer au nom de Van-Helmont celui de l'auteur auquel appartient réellement la gloire d'avoir *brisé et rejeté au loin les barbares affiquets dont on avait surchargé la Médecine.* Les lecteurs jugeront si c'est à Louis-Jacques Bégin et à son savant confrère, qu'ils doivent faire cet honneur. S'ils reconnaissent, au contraire, que c'est à l'homme indignement attaqué par ces folliculaires que la gloire en est due, leur opinion confirmera ma réponse et me dispense d'y rien ajouter.

FIN.

[illegible] on miroir qu [illegible]
[illegible] anciens et des hommes
[illegible]
[illegible]
[illegible]
[illegible]
[illegible]
[illegible]
[illegible]
[illegible]
[illegible]

9 782013 034005